BOOK OF CONSOLATION

The Sad Truth of This World

Contents

Foreword by the Decoder 3
The Blessing 8
1. Primordial 9
2. Creation 13
3. Tumour-Worlds 17
4. Guardian-sparks 20
5. Spark-gods 23
6. Communication
between the worlds 25
7. Religious Connection 27
8. The Return 34
9. Reducing Suffering 38
10. The Consolation 44
11. Practice and activation 49
Afterword by the Decoder 55

Foreword by the Decoder

The world, in which we live, should not have existed. I have always felt it, but then could not explain why it was so. Now I can.

When I was around seventeen years old, maybe a little older, I made a wonderful personal discovery. It turns out that most people do not know their purpose: i.e. 'why' they are. It was a strange, somewhat shocking discovery. After all, I was aware of my own purpose from the first years of life; at least from the time that I can remember myself.

Thus far, the image persists in my memory from a far-distant childhood: lying on a bed turned towards the wall, I examine the intricate patterns on the wallpaper, and the tears flow from my eyes: tears of compassion, tears of pain and powerlessness. I never stopped asking myself the question, "Why?!"; to which I can not find the answer. "What am I for?" "My father and Mother?", " What are people for? "," What is this world for?"

What is this world for when there is pain, separation, suffering, and death?

I do not remember the reason for those particular tears. Maybe seeing a dead cat on a road, or maybe the friends in the kindergarten saying that someday my parents will die. All awakening ones have their Dead One, their Diseased One and their Old One.

Since childhood, I have always felt that there was something wrong with our world, that it had some wormhole absence, a certain deviance, some injustice. Yes, precisely, some universal fundamental injustice.

I do not remember the reason for those tears, but since then they have always remained with me. Surprisingly, even whilst looking at the intricate pattern of the wallpaper and lamenting from powerlessness to understand why this cruel world where I was thrown in needed to exist, I knew my purpose very well. And when, at a relatively mature age, I asked a close friend why he was born, and hearing "I do not know, but nobody knows", – I could not believe it at first. I thought he was joking or maybe he did not consider me close enough friend to discuss such matters. I was ready to tell him about myself, and I thought that he would be ready as well. I got offended, but not too much. After all, it is a sign of a healthy heart to expect reciprocity, but to be offended by the lack of this is a sign of an ill one.

Some time after that conversation, I suddenly started to understand, due to numerous signs, that most of the people around me can hardly even imagine why they were born! It was a shocking discovery that made me reconsider a lot.

I just knew why I was born: to find the answer to the question "Why this world?" And, unless there is a justification for its existence, turn it off. Terminate this world.

They could probably be considered as quite strange thoughts for a child, even a pre-schooler. But the feeling is still with me, maybe on a memory level or a sensational level.

Of course, I grew older and began to look for an answer to this inquiry that permeated my being: searching through the knowledge of other people. Only a very young person may believe that he is special, and that no other human had similar thoughts before him. After all, there is nothing new under the sun, as the sages say. So I started to study with rigour the philosophers and religious leaders of all times and peoples. It seems hard to believe these days, but in those far away years when my peers were playing outside, falling in love and making those inevitable teenage mistakes - I was sitting at home and reading Schopenhauer, Kant, Greek philosophers, Vivekananda ... and sought their response to "why this world".

The responses were varied – this is the main sign that a true answer is not there.

There was desperation and disappointment; but there was hope. Frequently, one was replaced by the other, and the main question was hidden somewhere deep, so as not to interfere. And each time it was returning with more sharpness. Life went on, I studied, worked, even got married and had children. I have also found a religion that resembled, to me, what could be considered the "truth".

But the question, just like the closed up but not yet healed wound, was always burning and thus encouraging me not to cease the search. Although the intellect had almost resigned itself to the fact that the answer does not exist and will never come, the soul could not accept such a betrayal of its own purpose. As soon as the borders of the Soviet Union opened, I ran away. I lived in different countries; I have been through a lot. And when I was ready to fall into final despair, even desperation of the soul, the answer came.

THE ANSWER CAME!

In the most unimaginable way, I found a "Book of Consolation", and everything fell into its place. My heart immediately calmed down, as the soul usually calms down when it finds its destination. Now everything was clear about this world.

I was engaged in the deciphering and translating of this book for many years before I decided to give it to the world. There are doubts even now, the cause of which there is no reason to describe in this short preface. A detailed history of my life and the emergence of the "Book of Consolation" and other related manuscripts are told in a separate large autobiography. Presently only one thing is important: I cannot keep this knowledge only to myself. Many years later, I am nevertheless transmitting the "Book of Consolation" to the world, and letting fate decide whether it was the right choice.

BOOK OF CONSOLATION
The Blessing

This book, if read in unity of the heart and mind, will be a guiding light to all who want to return permanently from the world of darkness to the light of the source. Let this beacon be available to any light that exists in the mechanism of condensed darkness, to anyone who was captured by decay. Forever and ever. Sooner or later, the knowledge from this book will help all to understand the nature of the world and return to the beginning of all beginnings: the whole of humanity back to the beginning. When people are able to comprehend and reduce suffering before their departure, then also those who come after them will acquire this ability. To those who do not want to or cannot stop the suffering, this book will serve as consolation. For it speaks to the truths that no one has ever spoken to so clearly before: although they lay on its surface. Let the truth be where it is called for. Anyone who reads this book with a pure heart will be blessed and comforted, and those who perceive with their heart and mind - can begin their way home.

BOOK OF CONSOLATION
1. Primordial

1.1 At the beginning there was only equanimous light - without an end and without differentiation. Only equanimous; a barely pulsating glow of the Primordial.

1.2 These qualities of Primordial light "were" and "were not". They did not exist because there was no one to describe them. They exist because now there is someone who can portray them in fragmented words. These words can only hint at what it truly is. These qualities are: Eternity, Peace, Equanimous Joy, and Love.

1.3 From the world of tumours each of these qualities seems to be intolerably intense. It blinds and strikes. Like a bright beam falling into the world from an eternal darkness on the eyes that have never seen such light, although able to see when it appears.

1.4 Though, in a world of such equanimous light, the pulsation is uniform and warm. There is no pleasure.

1.5 Pleasure is the concentration of Joy and Love in a womb of eternity and peace.

1.6 Sparks, initial concentrations of light, appear from the equanimous light.

1.7 Sparks acquire new qualities not present in the original light. And those present are strengthened by illuminating self-awareness.

1.8 There is an eternal law that pervades the Primordial, and through it - all that was, is, and will be. And this is the Law of Preservation.

1.9 All that shines over the equanimous is compensated by the shadow. All that rises over the equanimous is compensated by a collapse. Each mountain has an abyss that allowed it to become a mountain.

1.10 Thus does the appearance of sparks, being a concentrated equanimous light, inevitably leads to the emergence of darkening on an infinite body of equanimous light.

1.11 Sparks of germination only cause a slight shadow. Spark-worlds, spark-gods: both need enormous voids with varying degrees of darkness for their concentration. This concentration of light is not possible without the concentration of darkness.

1.12 There are shadow-worlds, there are vacuous-worlds, and there are tumour-worlds. But these are only their names. The truth is, there are worlds with different concentrations of darkness, formed so that the worlds of concentrated light can appear in this eternal primordial light.

1.13 Suffering is necessary for pleasure to appear.

1.14 Sparks of germination are the souls that acquire individuality by overlaying light on light. This is the least possible concentration of light that can become conscious of itself.

1.15 There are countless sparks of germination in the infinity of the equanimous light. They do not create darkness, but only a slight darkening without suffering. This darkening vanishes and appears just like the sparks of germination.

1.16 The emergence and dissolution of the sparks of germination is the cause of the pulsation of the primordial equanimous light.

1.17 The emergence and dissolution are only words that have no meaning in the world of eternity. Sparks are eternal in spite of pulsation.

BOOK OF CONSOLATION
2. Creation

2.1 The sparks of germination do not generate darkness, only shadow.

2.2 Further concentration of sparks produces a corresponding change in an infinite light – a formation of void.

2.3 Void is the first level of darkness. Void is a core where further thickening of darkness may commence.

2.4 Sparks of germination that fall into the void - repair the void with their light. The intensity of corresponding concentration of light is reduced to the initial warm glow with pulsation.

2.5 The quality of the world of light that was mobilized due to the emergence of initial voids is a pre-sentiment of pleasure. Quality of the void – is a slight longing of imperceptible loss.

2.6 If the primordial void does not dissolve naturally, then an emerging world of darkness moves on to the next stage of thickening. A space appears in the void.

2.7 The world of light, corresponding to such darkness, attains a conditional stability, and the curiosity of the new gets added to the craving of void.

2.8 Sparks of germination in the darkness-worlds of second thickening can either dissipate the emerging tumour of darkness, or cause its inception; having acquired a form out of space.

2.9 The cause of such thickening of darkness is curiosity that outshines melancholia.

2.10 The third stage of thickening is burning.

2.11 The resultant world of light is taking shape. In such world, the intensity of enjoyment is growing and so, sparks of multiple overlays appear.

2.12 In the resultant world of darkness made out of void, space, and burning, the luminous bodies appear with a centre made out of the sparks of germination and the shell out of three kinds of darkness. These bodies are like fire, covered in smoke.

2.13 Curiosity is added to pain: a perverted pleasure. This is the shadow of the world of light that has created a third level of thickening of the corresponding world of darkness.

2.14 Further thickening of darkness develops viscosity.

2.15 The bodies from the void, space, burning and viscosity – are like fireflies. Light at the source is still visible, but the freedom is almost lost.

2.16 Fifth thickening - inertia.

2.17 The bodies made out of darkness condensed five-fold, form vessels of slavery for the sparks of light.

2.18 Vessels of slavery, bodies of condensed darkness, do not allow the sparks of light to return into the world of light.

2.19 The sparks of light in the bodies begin to experience a variety of suffering, the nature of which lies in the incompatibility of darkness and light.

2.20 The more intense the natural suffering of light sparks in the world of darkness is, the greater the thickening darkness; but at the same time the pleasure in the world of light becomes brighter, corresponding to the world of darkness.

2.21 Bodies illuminated by consciousness – are the most advanced vessels of suffering.

BOOK OF CONSOLATION
3. Tumour-Worlds

3.1 The sixth thickening of darkness is called "agony".

3.2 There are no permanent vessels of suffering or worlds of darkness found in the sixth layer of thickening.

3.3 Vessels thickened to agony collapse so as not to violate the balance, and a spark gets a new vessel with a stable five-fold thickening.

3.4 Covered by shells of darkness, tumour worlds reach homeostasis. Any further thickening of this darkness would drain out any remaining pleasure of light.

3.5 (?) Therefore, the excessive suffering is compensated or the vessel of suffering is replaced.

3.6 (?)

[In the original manuscript here the text is very difficult to read, therefore an adequate translation is problematic]

3.12 The process of appearance of a spark in the world of darkness is: rejection, absorption, immersion, and descent; and combinations of the aforementioned.

3.13 The reasons: jealousy, poor circumstance, curiosity, and compassion. And any combination of said reasons.

3.14 There is no need for a detailed analysis of these methods and causes, if their understanding of does not help to return.

3.15 The initial step for returning to the light is clear awareness; the world of darkness where there is birth and death should not exist.

BOOK OF CONSOLATION

4. Guardian-sparks

4.1 In the world of light, sparks glow with pleasure that comes from the suffering of the sparks in the world of darkness.

4.2 The brightness of pleasure of the spark in the world of light is directly dependent on the strength of suffering of the spark immersed in the darkness.

4.3 The spark from the world of light that we nourish is called the guardian-spark.

4.4 The guardian-spark protects against excessive suffering, sometimes by sharing the light of the luminous world.

4.5 The connection between sparks in the two worlds is neither material nor spiritual but simply conditional, since it is only a result of their balance.

4.6 The direct connection between a guardian-spark and its shadow in the tumour-world is possible but not necessary. This depends on the desire of the spark in the world of light.

4.7 The intensity and the existence of personal connection are completely at the discretion of the spark in the world of light.

4.8 The shadow is dependent on the light but not the other way around. Although shadow can affect the way the light shines.

4.9 The unnatural suffering of a shadow thickens the darkness, but reduces the pleasure of light. This is the main reason why sparks of light become interested in playing guardian-sparks.

4.10 The task of a guardian-spark is to balance out the suffering of its shadow. It accomplishes this by sometimes sharing the remnants of received pleasure.

4.11 Compassion is a quality of guardian-sparks.

4.12 Compassion is what separates the guardian-sparks from other sparks in the world of light.

4.13 Compassion and curiosity are two emotions that motivate the sparks of light to remember the sparks of the world of darkness.

4.14 It is a rare compassion that motivates a guardian-spark to help its shadow to escape from the world of darkness.

4.15 The impact on its guardian is possible with clear and secret practices, but is not fully reliable.

4.16 Guardian-sparks usually loses interest having balanced the suffering.

BOOK OF CONSOLATION
5. Spark-gods

5.1 Spark-keepers and spark-gods are not the same.

5.2 Spark-gods are a repeatedly concentrated convergence of light, having supreme properties of sparks of germination.

5.3 The worlds of light are formed around the spark-gods, which become the core, the axis of such world.

5.4 Each world of light with the centre-god is special. The brightness and its manifestation of the light, as well as its shade and taste, depend on the individual qualities of the spark-god.

5.5 The world of light forms around the bright spark-god, filled with sparks of varying intensity that were attracted by the taste of light of the spark-god.

5.6 It happens that the world of the spark-god feeds on only one tumour-world.

5.7 It is extremely rare that one world-god feeds on several worlds of darkness.

5.8 But more often than not, one tumour-world nourishes several worlds of light formed around different spark-gods. For in the world of darkness, that feeds several worlds of light, there are more reasons for sorrow.

5.9 Religion and religious hatred are one of the best ways for thickening darkness.

5.10 A heavily overgrown darkness-tumour can feed thousands of worlds of light of different concentration, volume, and taste.

BOOK OF CONSOLATION

6. Communication between the worlds

6.1 The concentration of light sparks is primary, but already formed tumour-worlds can form new worlds of light.

6.2 The universal energy connection is constant and impersonal.

6.3 A personal connection only happens in highly condensed worlds. It depends on the individual efforts of the enslaved spark or on the compassion of the guardian-spark.

6.4 A connection is required for an exchange, balance and return.

6.5 The balance is always automatic. The exchange is usually automatic, but sometimes it happens in the form of a return, handout, or grace.

6.6 A difference between the return and the handout exists, but it is not substantial. Both of these exchanges are based on the right of the spark to receive a portion of pleasure that was born out of its suffering.

6.7 Both the return and handout depend on the efforts of the enslaved spark. Grace is dependent on the desire of the playing spark from the world of light.

6.8 The Return depends on the maturity of the spark and is implemented through purification, wisdom, religious connection, reducing of suffering, and consolation.

BOOK OF CONSOLATION
7. Religious Connection

7.1 Religion without connection is useless.

7.2 The connection via religion is not mandatory, but is egotistically favourable for the majority of the enslaved sparks.

7.3 Each stable religion nurtures a particular world of light with a spark-god in the centre.

7.4 The connection via religion is easier and more efficient at a primary and secondary stage, as there is an exchange with the already established world of light in which there is a surplus for handouts and curiosity to play guardians.

7.5 A religion is good for an exchange and balance, but is an obstacle for the Return.

7.6 Just as our world is a thickening of darkness interspersed with the sparks of light, so is religion a pack of lies interspersed with truth.

7.7 For those belonging to a religion there is no need to reject it; but it is necessary to add the knowledge of consolation. The ritual needs a sign of the world of light, where the thirsty will return to: on the heart and the hand; and the text of knowledge, specially written with own hand – put on the altar.

7.8 Belonging to the religion eases life in the body of darkness. In addition to receiving automatic balance and grace, it gives an easy access to the handouts through prayer, meditation, devotion, and faith.

7.9 The methods for initiating the Return are distinct: purity, philosophical contemplation, logic, detachment, disengagement, wisdom, and intelligence.

7.10 The connection via religion is egotistically beneficial for many, but not for the return and creation of personal worlds.

7.11 None of the religions are interested in the real Return of the enslaved spark from the tumour-world into the world of light, generated by a given religion.

7.12 Maturity, reduction of suffering, and consolation are necessary for the Return.

7.13 The brightness of the world of light, formed by a religion, does not always depend on the number of its devotees.

7.14 Sometimes a small nation, with its whole history being on the verge of endless suffering, forms a huge and powerful world of light, generous with handouts.

7.15 Occasionally, billions of living beings provide a barely shimmering vast world of light without a bright centre.

7.16 In relative sense, religion is the Good that makes life easier for a spark in the vessel of suffering; but in absolute terms, it is the best weapon of darkness.

7.17 There are two types of religion: the religion of darkness and of light. The names are arbitrary, as neither of them is interested in the Return and do not assist with it, buying off with handouts.

7.18 The only difference is that the religions of darkness actively prevent the return of a spark from the tumour-world into the world of light, and the religions of light do not interfere.

7.19 It is better to configure the connection without the aid of religion, but it is incredibly difficult and possible only for a mature spark.

7.20 Focussing on the Return makes existence in the body of decline intolerable. But in successful cases, the difficulties are redeemed by the result.

7.21 For the majority, it is better to configure the connection via religions of light. They are helpful initially and do not interfere when the spark is maturing for the Return.

7.22 If you already belong to a religion of darkness, there is no serious reason to change it to the religion of light.

7.23 For a lie is still a lie, whether it is dark or white, and handouts can also be obtained in the religion of darkness.

7.24 There are many ways to distinguish the religion of light from the religion of darkness. It is enough to know two of the most reliable signs that, when paired with conviction, determine the class of the religion.

7.25 The religions of darkness encourage their adherents to unconditional reproduction, and call for burying the released vessels of suffering in the ground.

7.26 The former enhances and extends the suffering, which increases the brightness and pleasure of the corresponding world of light; the latter additionally inhibits the possibility of the spark being liberated by using its attachment to the discarded body and inviting it to accept the new.

7.27 The religions of light support only conditional reproduction and offer the released vessels of suffering to fire.

7.28 These are only external differences, the internal are deeper and become available to those who dedicate their life to one or another religion.

7.29 The Return through a religious connection is possible, but it is more an exception to the rule.

7.30 Through such Return, the enslaved spark escapes from the tumour-world, but then gets into the world of light that was formed by the chosen religion of darkness or light.

7.31 Through a pure Return through the Consolation such restriction does not exist.

BOOK OF CONSOLATION
8. The Return

8.1 Each spark has the inherent and internal right to the Return.

8.2 The right to the Return is a consequence of the original freedom.

8.3 Darkness cannot destroy the original qualities, but it can distract the spark and force it to forget.

8.4 Five thickenings of darkness interspersed with the sixth and seventh, generate images of beauty, ugliness, thirst, and disgust.

8.5 Absorbed by the images of darkness, the spark forgets about its nature of light and gets concealed by the layers of darkness.

8.6 The images and pictures of darkness are only real when the spark is looking at them.

8.7 These images are like the alluring lights in the marshes. These flames seem alive with light, but in reality are the originations of decaying manure. They are only dangerous when there is a real pilgrim looking at them.

8.8 Therefore, if one has no strength to see the real light it is better for the time being to close their eyes.

8.9 The internal power of the spark can penetrate all the layers of darkness in a split moment.

8.10 However, it is only a potential ability. The actual position of the spark in the world of darkness is such that it is unable to take its gaze off the images of the world of darkness.

8.11 Usually the Return is a gradual path made of small and large steps, at the end of which the shells of darkness fall away like dilapidated clothes.

8.12 The reduction of suffering and consolation are those small and large steps.

8.13 By reducing the suffering around and within, the spark flares up, and the images of darkness cease to be interesting.

8.14 The essence of consolation is in three steps: reducing the suffering internally and externally, purely releasing suffering where it is necessary without a trace, keeping the joy in the light in spite of the shells of darkness.

8.15 The pain and suffering of this world are only the images of gloom, and they are only real in the moment when the spark identifies itself with the shell of darkness.

8.16 This suffering is necessary for the brightness of the world of light, so give them back without malice and envy, without wrath and lust, madness and greed.

8.17 The calm, pure release without a shadow initiates a generous handout, enough for the joy and light within the darkness.

8.18 These crumbs of light should not be just a balm on the wound.

8.19 The one that walks the path, transcending the world of darkness, does not consume a shimmering balm to keep viewing the images of darkness; and observes the joy of light in the world of darkness like the lanterns along the path of Return.

BOOK OF CONSOLATION

9. Reducing Suffering

9.1 The exchange of pain is the basis of the thickening of darkness in the tumour-world.

9.2 The tumour-world is such that it is impossible to completely avoid the exchange of suffering.

9.3 But the spark that wants to break into the world of light can reduce suffering.

9.4 The reduction of suffering is the main practice of light amplification and weakening of the layers of darkness.

9.5 The first step is to stop eating people, their bodies, and their souls.

9.6 The second step is to give up any pain-related food, as the food does not only nourish the body.

9.7 The one that thickens the darkness will never return to the world of light.

9.8 The third step is a life-long task: to become a light in spite of the shells of darkness.

9.9 The living beings around are the vessels of suffering made of darkness with a bright light inside.

9.10 And people are the combination of darkness and light, but it is upon the heart of the beholder whether to perceive the darkness or the light.

9.11 If a heart that hides behind the eyes is dark, the eyes see only darkness, even looking at a beautiful flower in the sun.

9.12 On the other hand, a pure heart even looking at the mud sees the future flowers that will rise from this mud.

9.13 Those who want to return to the light always begin with changing themselves, and not the world or others.

9.14 The strongest feeling leading into darkness is envy.

9.15 The best feeling leading into light is compassion: for there is no better feeling towards anyone emerging in the tumour-world.

9.16 It is always important to remember that in a world where there is birth and death, there is no one to envy.

9.17 By developing compassion, a spark in the world of darkness is likened to the guardian-spark.

9.18 Those in the world of pain and suffering who manage to minimize the hurt and sorrow that come from it, stand firmly on a path of the Return.

9.19 Those, whose compassion goes beyond their own shell of darkness, have taken a step along this path.

9.20 Any violence or especially violent destruction of already born vessel of suffering only thickens the darkness and never releases the spark. The spark instantly gets a new vessel.

9.21 The violent reduction of already born vessels should be avoided at all costs, but any non-violent means are suitable to prevent new births.

9.22 Do not allow your body to be buried after death. The used vessel of suffering, given to earth, retains a spark more strongly, not allowing it to leave the world of darkness by enforcing it to obtain a new body.

9.23 The discarded body given to the water or the sky has less hold.

9.24 But the body given to fire and dispersed in the air or water is the best way to deal with the vessel of suffering after the spark has left it.

9.25 Such a body does not hold further. What remains are only desires and actions. And if they are flawless, the spark can escape from the tumour-world back to the Light.

9.26 However, if the actions and desires belong to the darkness, any manipulation of the abandoned vessel is futile.

9.27 The best way to return to the world of light, after the destruction of the vessel of suffering, is to remain the Light despite of having a body of darkness.

9.28 If the light shines through the vessel of the world of darkness in moments of enslavement, then there is nothing to keep the spark in the world of darkness after the vessel of suffering falls away.

9.29 If the light is only enough for the revival of the vessel, then it is necessary to reinforce the light within, until it begins to enlighten the entire body, and further the surrounding world, giving comfort to those who suffer.

9.30 The body weakens with age. The light does not depend on the age. People living in the darkness are extinguished along with the body and are born again into the darkness.

9.31 The spark of people who lived in the light starts to shine with age through the vessel, and when the body falls away, the spark is drawn into a world of light that was fed by its suffering.

9.32 This is how the individual freedom is obtained.

BOOK OF CONSOLATION
10. The Consolation

10.1 There is no point in asking the incarnated on their choice between existence and non-existence. Their answer will not be coming from the Truth, but from the accepted order of things. And the answer is always "yes." For in prison and captivity such is the only response.

10.2 There is no reason in asking the non-being, because the answer is always "no".

10.3 The truth lies in the view from a different perspective. And the truth is that the birth is repellent. It is the concentration of violence, hopelessness, suffering, and fatality.

10.4 The only most repulsive thing is death. But death it is also only a part of birth.

10.5 The one who defeats the birth will defeat the death.

10.6 The tumour-world will dissolve on its own if the new vessels of suffering cease to appear.

10.7 The world of darkness will no longer draw in the sparks of germination and will dissolve in the light.

10.8 The Universe will return to its original state of pulsating light with iridescence of sparks of germination.

10.9 It is impossible to eradicate the tumour-world by destroying the vessels of suffering. For the destruction is the concentrated suffering in itself and only adds to further thickening of darkness.

10.10 The tumour-world can only be consoled.

10.11 Each incarnation contains a multitude of suffering, pain, anguish, enslavement, and doom.

10.12 Every unborn is minus one death, minus multitudes of suffering, and is the freedom.

10.13 Each birth is a delayed murder, and everyone that generates the body of the suffering is a murderer.

10.14 The above is not the fault of the spark that obtained the body of darkness: for the darkness takes away the freedom.

10.15 The enslaved spark of light in the body of darkness only illuminates with a light of consciousness that which does not exist without it.

10.16 The darkness creates craving by transforming pleasure into pain and pain into pleasure.

10.17 The essence of craving is sex, that is only a distorted and reflected in the darkness joy of the sparks in the world of light.

10.18 Sex is not evil, but its craving is used by the world of darkness to generate new vessels of suffering.

10.19 Sex, leading to the appearance of new vessels of suffering, is repulsive and nourishes the evil and darkness of this world.

10.20 Any sex without conception is better. But the best sex is the one that does not exist.

10.21 Consolation of the tumour-world lies in constant decrease in incarnations: until the Return of all and disappearance of the world of darkness.

10.22 All other methods and ways to alleviate the suffering of the inhabitants of the world of darkness are valid only if the births are reduced.

10.23 Glorious are the ones that aspire to obtain individual freedom and their return to the light, but the ones that care for the consolation of the whole world are worthy of true admiration.

BOOK OF CONSOLATION

11. Practice and activation

11.1 Each knowledge has its eleventh part, which, though seemingly insignificant, gives meaning and power to the ten fundamental parts.

11.2 Without activation, any knowledge itself is a reflector lamp without a connected power source [energy].

11.3 Ten parts of the book provide enough to realize the sad truth of this world; the eleventh will help with commencing the path.

11.4 There are people who are self-sufficient. Let them be involved in personal Return, enlightening those around them.

11.5 There are those whose lights become dimmer if they are alone. Let them ignite, by sharing the knowledge of consolation.

11.6 There is no shame in the former; there is no reason for pride in the latter. The best way to brighten one's light is the one that is most relevant.

11.7 The practice begins with the agreement that the world of darkness, condensed to a conscious suffering, should not exist.

11.8 If there is no such awareness, it is better to continue to sincerely see pictures of darkness than to choke on knowledge through forcing oneself.

11.9 Even those immersed and absorbed by darkness, may be able to place on their hand and heart the sign of light to learn how to wish for the desired knowledge.

11.10 For even the theoretical agreement with the fact that a birth and life in the shell of darkness and death are evil is enough for a start.

11.11 The Book of Consolation is a concentrated blessing for those who want to return from the world of darkness into the world of light.

11.12 Every repeated reading in the original or conscious meaningful translation removes one layer of darkness.

11.13 It is necessary to create in a special way a hard copy of the Book of Consolation for personal concentration and activation.

11.14 Try to keep such a book (or its fragment) always close by as a major personal activator.

11.15 The activator can be in a different form: its properties, strength, and individual characteristics depend on the identity of the creator.

11.16 With the help of an activator one can create accumulators that store energy helpful in the practice of Return.

11.17 Working with the activators and accumulators is only a ritual that helps to focus on Consolation and liberation from the world of darkness.

11.18 But the real basis is within; where the original light that is striving to get home resides.

11.19 The Blessing [initial activation], external and internal efforts are what is required to successfully commence, continue, and complete your way out of this dark world into to the world of light.

11.20 The external efforts include the ritual, reducing own suffering, as well as working with the activator and physical accumulators.

11.21 The internal efforts include igniting the light despite the shells of darkness. These may incorporate concentration, meditation, visualization, and audio accumulators; reducing the suffering coming from the self.

11.22 The internal, personal efforts are important; and external ones are accepted while they assist the internal development.

11.23 I appeal to all guardians, whose compassion extends beyond the habitual.

11.24 I call on the light of their blessings and give mine to fill this book with the power of Consolation.

11.25 Let everyone who reads this book and practices it, give the eleventh part of their merits of light to those who want comfort and return, having received the word.

11.26 "I commend the eleventh part of its light merit to all those who, like me, accepted the Book of Consolation and wish to return home."

11.27 Anyone who reads the book of consolation with their mind and heart will receive the blessing of all who strive for the light and Return.

11.28 So the power of the book will grow with each who became conscious.

11.29 Nothing will stop a spark, whose desire for the light and Return is stronger than the craving to play images of darkness.

11.30 Light the light and comfort your world, however small or large it may be.

11.31 The world of thickened darkness, the world of suffering is not a place for a clean spark. Whilst leaving, shine to the ones that stay, wishing for the sparks to return and for the world - Consolation.

11.32 Those who read these lines, received the initial energy that will enliven the sleeping spark in the shells of darkness.

11.33 Have a nice back to home!

Afterword by the Decoder

You have now read "The Book of Consolation" and thus received the blessing of all who accept the truth contained in this book: the blessing of the first one who extracted the truth from the world of light, and mine, whose efforts have allowed for this knowledge to appear in the world of darkness in the form of this book.

Is it a lot or a little to receive the initial blessing? My whole life has been devoted to the search for such knowledge, so for me every line in this book is clear and full of meaning. But I also understand very clearly that for most the "Book of Consolation" is too concentrated and leaves more questions than answers. Therefore I admire those who, like me, find those eleven brief chapters enough for their inquiry. However, I would like to continue my efforts to process and decode the heritage of the unknown author of the "Book of Consolation", who I would like to name as the "First" so as to give him significance. No matter what, this will remain my practice. If you would like to know more about the "Book of Consolation", please familiarize yourself with the additional writings, being either purely the author's works, or other decoded scriptures of the "First". Those include:

> *"The Summit of the World" is the autobiographical novel, that tells the story of my life and how the "Book of Consolation" was discovered.*
>
> *"Books of Consolation for Practice", or the "Primary Activator" is the version of the book with instructions on how to create a basic activator and a place for its creation.*
>
> *"Working with Activators and Accumulators" is the manual for the creation of personal accumulators and their practical usage.*
>
> *«The Register of Personal Accumulators" are the instructions for creating a personal catalogue of accumulators and the rules of its conduct.*
>
> *"The Search for the Guardian and Establishing Communication" are the instructions for creating the visualisations and audio*

accumulators to help find your Guardian and establish more efficient rather than automatic exchange.

"The Sound Codes-Accumulators" - a collection of code phrases collected from the manuscripts of the "First".

"The Rainbow language" – the fundamentals and vocabulary of the language that most of the manuscripts by the "First" were encrypted in.

All associated with the "Book of Consolation" will be in time assembled and accumulated on the following website:

www.BookOfConsolation.com

Version of the Book

in the original language:

Книга утешения

грустная правда этого мира

Оглавление

Предисловие от расшифровщика.......63
Благословение 66
1. Изначальное....................67
2. Творение......................73
3. Миры-оплоты..................75
4. Искры-хранители 77
5. Искры-боги....................80
6. Связь между мирами..........82
7. Религиозная связь............84
8. Возвращение.................90
9. Уменьшение страданий........94
10. Утешение....................100
11. Практика и активация..........104
Послесловие от расшифровщика 110

Предисловие от расшифровщика

Мира, в котором мы живем, не должно быть. Я всегда чувствовал это, но когда-то не мог объяснить, почему это так. Теперь могу.

Примерно в тридцать лет, может, немного позже, я сделал для себя удивительное открытие. Оказывается, большинство людей не знает, для чего они. Это было странное, в чем-то шокирующее открытие. Потому что сам я осознавал свое предназначение с первых лет жизни. По крайней мере, в то время так понял себя.

До сих пор в памяти стоит картина из далекого-далекого детства: лежу на кровати повернувшись к стене, рассматриваю причудливые узоры на обоях, а из глаз текут слезы. Слезы сострадания, слезы боли и сочувствия. Я не переставая задаю себе вопрос "Зачем?", на который никак не могу найти ответ. "Зачем я?", "Зачем папа и мама?", "Зачем люди?", "Зачем этот мир?"

Зачем нужен этот мир, в котором есть боль, разлука, страдания и смерть?

Что было причиной тех конкретных слез, я не помню. Может быть, мертвая кошка на дороге, а может быть слова друзей в садике о том, что мы родители когда-нибудь умрут. У каждого просыпающегося есть свой Творец, своя Больница и свой Старик.

С самого детства я ощущаю, что в нашем мире что-то не так, что в нём есть какая-то червоточина, какая-то неправильность, какая-то несправедливость. Да, именно, какая-то глобальная фундаментальная несправедливость.

Я не помню причин тех слёз, но именно с тех пор эти слёзы всегда со мной. Удивительно, но даже тогда, глядя на причудливый узор обоев и плача от бессилия понять, зачем нужен этот жестокий мир, в который меня забросили, я прекрасно знал своё предназначение. Я когда во взрослом уже возрасте я спросил у близкого друга, зачем он родился, и услышав "не знаю, да и никто не знает", сначала не поверил. Подумал, что шутит. Явно не считает меня достаточно близким другом, чтобы говорить о таких вещах. Я был готов ему сказать о себе, и думал, что он тоже. Обиделся, но не сильно. В конце концов, ждать взаимности - это признак здорового сердца, но обижаться на отсутствие ожидаемого - признак больного.

Спустя какое-то время после того разговора я вдруг по множеству признаков стал понимать, что большинство людей вокруг не представляют даже близко, для чего они родились; это было шокирующее открытие, которое заставило многое переосмыслить.

Я же просто знал, для чего родился: найти ответ на вопрос "зачем этот мир?" и, если не найдется оправдания для его существования, выключать его. Прекратить этот мир.

Наверное, немного странные мысли для ребенка, еще дошкольника. Но их ощущение до сих пор со мной, может быть не на уровне памяти, на уровне ощущений.

Конечно, я стал постарше и начал искать ответ на вопрос, который оправдывал мое существо. Искать через знания других людей. Только совсем плохой человек может верить, что он особенный, и что его мысли до этого не думал ни один человек. Ведь на самом деле нет ничего нового под луной, как говорят мудрецы. Так что я с вдохновением начал изучать философов и религиозных деятелей всех времен и народов. В это сложно сейчас поверить, но в те далекие теперь годы, когда мои сверстники играли во дворе, выбирались или делали неизбежные подростковые глупости, я сидел дома и читал Шопенгауэра, Канта, греческих философов, Вивекананду... и искал у них ответа, зачем этот мир.

Ответов было множество - это главный признак того, что настоящего нет.

Было отчаяние, было разочарование, было надежды. Я не раз одно сменялось другим, и не раз главный вопрос загонялся куда-то поглубже, чтобы не мешал. Я каждый раз возвращался все обостреннее. Жизнь шла, я учился, работал, даже женился и обзавелся детьми. Ищешь себе и реакцию, которая больше всего походила на то, что можно было бы назвать истиной.

Но вопрос, словно затянувшаяся, но не вылеченная рана, будет всегда побуждая не останавливаться. Я хотя разумом я уже почти смирился, что ответа нет и не будет, душа такого предательства собственного предназначения не принимала. Как только открылись границы Советского Союза, я сбежал из него. Жил в разных странах, прошел через многое. И вот, когда уже готов был отчаяться окончательно, отчаяться даже в душе, пришел ответ.

ПРИШЕЛ ОТВЕТ

Я невообразимым образом нашел "Книгу Утешения". И все стало на свои места. Сердце сразу успокоилось, как обычно успокаивается душа, когда находит свое предназначение. Теперь было понятно об этом мире всё.

Я занимался расшифровкой и переводом книги годы, прежде чем решился отдать миру. Есть сомнения и сейчас, причину которых нет смысла обсуждать в коротком предисловии. Подробная история моей жизни и появления "Книги Утешения" и остальных сопутствующих рукописей рассказана в отдельной большой автобиографической книге. Сейчас важно лишь одно: я не могу держать это знание только для себя. Спустя множество лет, я всё же передаю "Книгу утешения", миру, и пусть судьба сама решает, правильный это шаг или нет.

Книга Утешения
Благословение

Эта книга, прочитанная сердцем и разумом в единстве, будет путеводной звездой всем, кто хочет навсегда вернуться из мира тьмы в свет источника. Путь этот маячок будет доступен любому свету, что заключён в машине из свущений тьмы, любому, кто попал в плен из тюрем. Вовеки веков. Рано или поздно знания из этой книги помогут всем осознать природу мира и вернуться к началу всех начал. Всему человечеству вначале. А когда люди смогут понять и утешить страдания до исчезновения, то и всем, кто придёт после и обретёт способность осознавать. Тем же, кто не хочет или не может прекратить страдания, эта книга послужит утешением. Ибо говорит об истинах, о которых никто и никогда не говорил ранее так ясно. Хотя они и лежат на поверхности. И да прибудет истина там, где её ждут. Каждый, кто прочитает эту книгу с чистым сердцем, получит благословение и утешение, а тот, кто воспримет сердцем и разумом — сможет начать путь домой.

Книга Утешения

1. Изначальное

1.1 Вначале всего — лишь ровный свет. Без конца и без различений. Лишь ровное, едва пульсирующее свечение изначального.

1.2 Качества изначального света и были, и не были. Не были, ибо некому ощущать. Были, ибо сейчас есть тот, кто может ощущать их отдельными словами, которые лишь намёк на то, что есть. Я качества этих вечность, умиротворение, ровная радость и любовь.

1.3 Из мира обусловленностей каждое из этих качеств кажется интенсивным до невозможности. Слепит и поражает. Словно яркий луч, упавший в мир из вечного мрака на глаза, которые никогда не видели света, но способны его увидеть, когда тот появляется.

1.4 Но в мире ровного света пульсация равномерная и тёплая. И нет наслаждения.

67

3.5 Наслаждение - это концентрация радости и любви в доме вечности и умиротворения.

3.6 Из ровного света появляются искры - концентрации изначального света.

3.7 Искры обретают новые качества, которых нет в изначальном свете. А те, что были - усиливаются, подсвечиваясь осознанием себя.

3.8 Есть вечный закон, проявляющий изначальное, а через него и всё, что было, есть и будет. И это закон - сохранения.

3.9 Всё, что светится сверх ровного, котонируется тенью. Всё, что возвышается сверх ровного, котонируется провалом. У каждой горы есть пропасть, которая позволила горе стать горой.

3.10 Так и появление искр, которые есть концентрированный изначальный ровный свет, неизбежно приводит к

появлению затемнений на бескончном
поле ровного света.

3.31 Акты удвоения вызывают лишь
резкую тень. Акты-тени, акты-боль
для своей концентрации требуют
окротных опыт в разной степени
тьмы. Концентрация света невозможна
без концентрации тьмы.

3.32 Есть тьмы-тени, есть тьмы-
опыты, а есть тьмы-опухоли. Но
это лишь названия. Суть же в том,
что есть тьмы с разной концентрацией
тьмы, которые образовались для того,
чтобы в вечном изначальном свете
смогла появиться тьма
концентрированного света.

3.33 Чтобы появилась наслаждение,
необходимо страдание.

3.34 Акты удвоения - это души,
обретающие индивидуальность всего
лишь нахождения света на свет. Это
тьминально возможная концентрация
света, которая может осознать себя.

3.15 В бесконечности ровного света — бесчисленное множество искр удвоения. Они не порождают тени, а только ровные затемнения без страданий. Эти затемнения исчезают и появляются так же как и искры удвоения.

3.16 Появление и растворение искр удвоения — причина пульсации изначального ровного света.

3.17 Появление и растворение — лишь слова, не имеющие смысла в мире вечности. Искры вечны несмотря на пульсацию.

Книга Утешения

2. Творение

2.1 Искры Удвоения не порождают тьмы, а лишь тени.

2.2 Дальнейшая концентрация искр порождает в бесконечном свете соответствующее изменение - образование пустоты.

2.3 Пустота - первый уровень тьмы. Пустота - основа, в которой может начаться дальнейшее сгущение тьмы.

2.4 Искры Удвоения, попадающие в пустоту - исправляют пустоту своим светом. Интенсивность соответствующей концентрации света снижается до исходного тонкого свечения с пульсацией.

2.5 Качество мира света, что сконцентрировался за счет появления первичных пустот - предчувствие наслаждения. Качество пустот - легкая тоска неощутимой потери.

2.6 Если первичная пустота не рассасывается естественно, то зарождающийся мир тьмы переходит на следующую стадию свущения. В пустоте появляется пространство.

2.7 Соответствующий такой тьме мир света обретает узловую устойчивость, а к треске пустоты добавляется любопытство нового.

2.8 Искры удвоения в мирах тьмы второго свущения могут как рассеять намечающуюся опухоль тьмы, так и стать причиной её зарождения, обретя тела из пространства.

2.9 Причина такого свущения тьмы - любопытство, что затмевает треску.

2.10 Третий этап свущения - жжение.

2.11 Соответствующий мир света обретает форму. Интенсивность наслаждения в таком мире растёт. Появляются искры с многократным наложением.

72

2.62 В соответствующем мире тела из пустоты, пространства и жжения появляются светящиеся тела с центром из исер удвоения и оболочкой из трех видов тел. Эти тела — словно зерна, покрытый шелком.

2.63 К любопытству добавляется боль, что есть извращенное наслаждение — тень от мира света, что породил трехуровневое звучание соответствующего мира тел.

2.64 При дальнейшем звучании тел появляется вязкость.

2.65 Тела из пустоты, пространства, жжения и вязкости — словно светляки. Свет в основе еще виден, но свобода почти потеряна.

2.66 Пятое звучание — инертность.

2.67 Тела из пяти звучаний тел образуют сосуды рабства для исер света.

2.18 Сосуды рабства, те, из сущений тьмы, не позволяют вернуться к свету света в мир света.

2.19 Искры света в телах начинают испытывать разнообразные страдания, среди которых в несветлейшести тьмы и света.

2.20 Чем интенсивнее естественные страдания искр света в мире тьмы, тем сильнее сужается тьма, но тем ярче наслаждение в мире света, который соответствует атому тьму тьмы.

2.21 Тела, освещенные сознанием — самые совершенные сосуды страдания.

Книга Утешения

3. Тырыл-Опужоры

3.1 Шестое священное тело называется азонией.

3.2 Не бывает постоянных сосудов страдания и миров тел из шести священных.

3.3 Сосуды, священные до азонии, разрушаются, чтобы не нарушать баланс, а искра получает новый сосуд с устойчивым пятикратным священством.

3.4 Исчезая обладатели тел, тырыл-опужоры достигают зотсостаза, всё дальнейшее священное тело высасывает наслаждение света.

3.5 (?) Потому чрезмерное страдание компенсируется. Жиа заменяется сосуд страдания.

3.6 (?)

[В оригинальной рукописи в этом месте текст очень плохо читается, из-за чего адекватный перевод いока затруднен]

3.12 Способ появления искры в мире тьмы: отторжение, всасывание, погружение и нисхождение. И их сочетания.

3.13 Причины: зависть, дурная случайность, любопытство и сострадание. И нахождения причин.

3.14 Кто неспособен подробно разбирать способы и причины, тем их понимание не поможет в возвращении.

3.15 Шаг, с которого начинается путь назад в свет - это четкое осознание: мира тьмы, где есть рождение и смерть, не должно быть.

Книга Утешения

4. Искры-хранители

4.1 Искры в мире света сияют наслаждением, что приходит от страданий искр в мире тьмы.

4.2 Чем сильнее естественное страдание искры, погруженной во тьму, тем ярче наслаждение искры в мире света.

4.3 Та искра в мире света, которую ты читаешь, называется искрой-хранителем.

4.4 Искра-хранитель защищает от чрезмерного страдания, иногда деля свет с огнём яркого мира.

4.5 Связь между искрами в двух мирах не материальна и не духовна, а лишь условна, так как она лишь средство баланса.

4.6 Прямая связь между искрой-хранителем и её тенью в мире-

77

опухоль возможна, но необязательна и зависит от желания искры в мире света.

4.7 Интенсивность и само существование личной связи - полностью на усмотрение искры мира света.

4.8 Тень зависит от света, но не свет от тени. Но и тень может влиять на то, как светит свет.

4.9 Искуственное страдание тени сгущает тьму, но при этом уменьшает наслаждение света. Это основная причина, по которой искрам света становится интересным играть в искр-хранителей.

4.10 Задача искры-хранителя - поддерживать баланс страдания своей тени, иногда делая броками полученного наслаждения.

4.11 Страдание свойственно искрам-хранителям.

4.12 Сострадание - то, что отличает хранителей от остальных искр мира света.

4.13 Сострадание и любопытство - две эмоции, что побуждают вспоминать искры света о мире тьмы.

4.14 Но крайне редко такое сострадание, что побуждает искру-хранителя помогать своей тени вырваться из мира тьмы.

4.15 Воздействие на своего хранителя возможно с помощью явной практики и тайной (скрытой) практики, но полной надежности нет.

4.16 Искра-хранитель как правило теряет интерес, сбалансировав страдание.

Книга Утешения

5. Искры-боги

5.1 Искры-хранители и искры-боги - не одно и то же.

5.2 Искра-бог - многократно концентрированное сосредоточение света, обладающее свойствами искр удвоения в превосходной степени.

5.3 Миры света формируются вокруг искр-богов, которые становятся стержнем, осью такого мира.

5.4 Каждый мир света с центром-богом - особенный. Яркость и её проявления, оттенок и вкус света зависят от индивидуальных особенностей искры-бога.

5.5 Вокруг яркой искры-бога формируется мир света, который наполняется искрами разной интенсивности, что схожи проявлением оттенком (вкусом) света искры-бога.

80

5.6 Бывает, что мир некрыл-бога
питается только одним миром-
опухолью.

5.7 Крайне редко, почти никогда,
случается, что один мир-бог питается
несколькими мирами тьмы.

5.8 Но чаще всего, почти всегда, один
мир опухоль питает несколько миров
света, что сформировались вокруг
разных некр-богов. Ибо в мире тьмы,
который питает сразу несколько миров
света, больше поводов для страданий.

5.9 Религия и религиозная ненависть -
один из лучших способов сгущать
тьму.

5.10 Сильно разросшаяся тьма-опухоль
может питать тысячи миров света
разной концентрации, объема и вкуса.

Книга Утешения

6. Связь между мирами

6.1 Концентрация искр света - первична, но уже сформированные миры-сгустки могут формировать новые миры света.

6.2 Общая энергетическая связь постоянна и беззвучна.

6.3 Персональная связь бывает только в сильно сгущенных мирах и зависит от личных усилий порабощенной искры или от милости искры-хранителя.

6.4 Связь нужна для обмена, баланса и возвращения.

6.5 Баланс всегда автоматический. Обмен как правило автоматический, но бывает и в форме возврата, отката и милости.

6.6 Разница между возвратом и откатом есть, но не существенная, оба эти обмена основаны на праве искры получать часть того

82

наслаждения, что рождено её
страдание.

6.7 Возврат и откат зависят от усилий
порабощенной искры. Тяжесть — от
желания играющей искры из мира света.

6.8 Возвращение зависит от зрелости
искры и реализуется через очищение,
мудрость, реализуемую связь,
уменьшение страданий и утешение.

Книга Утешения
7. Религиозная связь

7.1 Религия без связи - бесполезна.

7.2 Связь через религию не обязательна, но статистически благоприятна для большинства порабощенных вер.

7.3 Каждая устойчивая религия питает тот или иной мир света с устройством в центре.

7.4 Связь через религию проще и эффективнее на начальном и среднем этапе, так как происходит обмен с уже наработанным миром света, в котором есть излишки для откатов и любопытство для веры в хранителей.

7.5 Религии хороши для обмена и баланса, но препятствуют для возвращения.

7.6 Подобно тому, как наш мир - это сгусток тьмы с вкраплениями мер света, так и религия - это

нахождения лжи в враньеми
истины.

7.7 Нет необходимости отвергать religию тому, кто принадлежит какой-либо. Достаточно добавить знание об утешении. А в ритуал - лишь знак мира света, в который вернется уходящий, - на сердце и руку, а по-своему написанный своей рукой текст знания - на алтарь.

7.8 Принадлежность к религии облегчает жизнь в теле из тьмы, давая помимо автоматического баланса и милости легкий доступ к откатам через молитву, медитацию, преданность и веру.

7.9 Способы инициировать возврат другие: частота, философские размышления, логика, непривязанность, невовлеченность, мудрость и разум.

7.10 Связь через религию энергетически благоприятна для многого, но не для возвращения и создания личных миров.

7.11 Ни одна религия не заинтересована в реальном возвращении порабощенной жертвы из мира иллюзий в мир света, которым порожден данной религией.

7.12 Для возвращения нужна трезвость, уменьшение страданий и утешение.

7.13 Яркость мира света, что формируется религией, не всегда зависит от числа приверженцев.

7.14 Иногда небольшой народ, вся история которого непрерывные страдания на Земле, формирует огромный и торжественный яркий мир, щедрый на откаты.

7.15 А бывает, что тысячи рядом живущих дают лишь едва тлеющий обширный мир света без яркого центра.

7.16 В относительном смысле религия - это благо, облегчающее жизнь жертвы в сосуде страдания, но в абсолютном - лучшее орудие тьмы.

7.17 Юо в родных бывают двух типов: родные плоти и родные света. Названия условны, так как ни те, ни другие не заинтересованы в возвращении и не помогают в этом, отпуская отпатами.

7.18 Разница лишь в том, что родные плоти активно мешают возвращению искры из мира опухолей в мир света, а родные света - не мешают.

7.19 Лучше настраивать связь без помощи родных, но это невероятно трудно и возможно лишь для созревшей искры.

7.20 Сосредоточенность на возвращении делает небыиносимым бытие в теле из тлена. Юо в случае успеха результат искупает трудности.

7.21 Для большинства лучше настраивать связь через родных света. Они помогают в начале и не мешают, когда искра созреет для возвращения.

7.22 Имя ее был у±е определить е розовый темный, темнят ее на розовый света нет серьезного смысла.

7.23 Ибо темная боль или светлая боль — все равно боль, а отличить можно научать и в розовый темный.

7.24 Отличать розовый свет от розовый темный темно по признакам, но достаточно знать два самых надежных, совпадение которых с уверенностью определяет класс розовый.

7.25 Розовый темный ощущают своих приверженцев к безусловному размножению, а обращенные особы страдания призывают зарывать в землю.

7.26 Первое усиливает и распространяет страдания, что обеспечивает растущую яркость и наслаждение соответствующего мира света, а второе — дополнительно протестует возможному освобождению искры, используя ее привязанность к обращенному телу и ищущая принять новое.

7.27 Режимы света называют ограничения на размножение, а сброшенные тела придают силы.

7.28 Это лишь внешние различия, внутренние глубже и становятся доступными тем, кто посвятит жизнь той или иной режим.

7.29 Возвращение через режимную связь возможно, но это скорее исключение, чем правило.

7.30 При таком возвращении проработанная искра вырывается из мира опухоли, но тут же попадает в тот мир света, что сформирован выбранной режимей тьмы или света.

7.31 При чистом возвращении через утешение такого ограничения нет.

89

Книга Утешения

8. Возвращение

8.1 Каждая метра имеет неотъемлемое внутреннее право на возвращение.

8.2 Право на возвращение — следствие изначальной свободы.

8.3 Тьма не в силах уничтожить изначальные свойства, но может отвлечь метру и заставить забыть.

8.4 Пять сущеньий тьмы с вкраплениями шестого и седьмого генерируют картинки из красоты, уродства, жажды и отвращения.

8.5 Ослеплённая образами морока, метра забывает о своей природе света и покрывается оболочками из тьмы.

8.6 Образы и картинки тьмы рухнули только когда метра стоптит их.

8.7 Эти образы, как манящие огоньки в ночи. Такие огни кажутся живым светом, а не — порождением зловонной жижи. Но в глазах только тогда есть живой лучик, смотрящий на них.

8.8 А потому, если нет сил увидеть реальный свет, лучше на время закрыть глаза.

8.9 Внутренняя сила веры может обрить все оболочки тьмы за долю мгновения.

8.10 Но это лишь потенциальная возможность. Реальное поражение веры в мире тьмы таково, что она не может оторвать взора от картинок мира тьмы.

8.11 Обычно возвращение — это постепенный путь из маленьких и больших шагов, в конце которого оболочки тьмы спадают как обветшалая одежда.

8.12 Утешение страданий и утешение — маленькие и большие шаги.

8.13 Уменьшая страдания вокруг себя и внутри себя, искра разгорается, и картинки театы обретают быть интересны.

8.14 Суть учения в трех шагах. Уменьшение страданий внутри и снаружи: частая, без тени, отдача страданий туда, где они нужны: радость света, несмотря на оболочки из теней.

8.15 Боль и страдания этого мира — лишь картинки театра, которые реальны только в темновении, тогда искра принимает оболочки теней за себя.

8.16 Страдания эти нужны для яркости в мире света, так отдай их туда без злобы и зависти, без гнева и жажды, безумия и жадности.

8.17 Спокойная частая отдача без тени инициирует щедрый откат, которого хватит для радости и света внутри теней.

92

8.18 Иди от той краски света не должны быть только насыщенной на фоне.

8.19 Тот, кто в пути, тот, кто идёт из тьмы темны, не боится светящейся краски, чтобы продолжать смотреть картинки тьмы, а смотрит на радость света в тьме темны как на фонарик вдоль дороги возвращения.

Книга Утешения

9. Уменьшение страданий

9.1 Отсеч боли — основа свущения тьмы в мире Онукоры.

9.2 Мир Онукоры устроен так, что полностью избежать отсеча страданиями невозможно.

9.3 Но искра, которая хочет вырваться в мир света, может уменьшать страдания.

9.4 Уменьшение страданий — основная практика усиления света и ослабления оболочек из тьмы.

9.5 Первый шаг — перестать есть людей. Их тела и их души.

9.6 Второй шаг — отказаться от пищи, связанной с болью. И пища — это не только то, что питает тело.

9.7 Тот, кто свущает тьму, никогда не вернётся в мир света.

94

9.8 Я третий шаг дарения в жизни: стать светом, несмотря на оболочку из тьмы.

9.9 Живые вокруг - сосуды страдания из тьмы с ярким светом внутри.

9.10 Я люди - сочетание тьмы и света, на лишь от сердца смотрящего зависит, видеть тьму или свет.

9.11 Если сердце, что прячется за глазами, темное, то глаза видят только мрак, даже взглядя на прекрасный цветок в лучах солнца.

9.12 Но чистое сердце, даже взглядя на грязь, видит цветы будущего, которые на этой грязи когда-нибудь взойдут.

9.13 Я потому тот, кто хочет вернуться в свет, всегда начинает с изменения себя, а не мира или других.

9.14 Лучшее чувство, ведущее во тьму - зависть.

9.15 А лучшее чувство, ведущее к свету, - сострадание. Ибо нет лучшего

95

Чувства по отношению к любому, появившемуся в мире-опухоли.

9.16 Важно всегда помнить, что в мире, где есть рождение и смерть, завидовать некому.

9.17 Но развивая сострадание, мера в мире тьмы уподобляется мере-хранителю.

9.18 Тот, кто находясь в мире боли и страданий, сумел свести к минимуму ту боль и страдания, которые идут от него, надежно стоит на пути возвращения.

9.19 Но тот, чье сострадание вышло за пределы собственной оболочки из тьмы, сделал шаг на этот путь.

9.20 Любое насилие и тот более насильственное уничтожение уже рожденного сосуда страдания лишь сгущает тьму и никогда не освобождает меру. Она тут же получает новый сосуд.

96

9.21 Чтобы избежать любой ценой насильственного утешения уже рожденных, но водятся любые средства, отвращающие предотвратить новые рождения ненасильственным путем.

9.22 Не позволяйте короновать свое тело после его смерти. Отработанный сосуд страдания, преданный земле, добровольно держит ветру, не позволяя ей покинуть мир теми и навязывая новое тело.

9.23 Сброшенное тело, преданное воде или небу, держит тоньше.

9.24 Но тело, преданное огню и развеянное в небе и воде — лучшее, что можно сделать с сосудом страдания после того, как ветра покинула его.

9.25 Такое тело не держит добровольно. Останутся лишь желания и действия. И если они совершенны, ветра может вырваться из мира обуходи обратно в свет.

97

9.26 Их чувства даны и желания принадлежат телу, то любые манипуляции с брошенным сосудом бессмысленны.

9.27 Лучший способ вернуться в мир света после разрушения сосуда страдания - это оставаться светом, несмотря на ТЕЛО из ТЬМЫ.

9.28 Если свет просвечивает сквозь сосуд мира тьмы в минуты пробуждения, то ничто не удержит искру в мире тьмы, тогда сосуд страдания спадет.

9.29 Если света хватает только на оживление сосуда, тогда необходимо усиливать свет внутри, пока он не начнет освещать все тело, а затем и мир вокруг него, даря утешение страждущим.

9.30 Тело с годами слабеет. Свет не зависит от возраста. Люди, живущие телом, заснут вместе с телом и снова рождаются во тьме.

9.31 Искра людей, что душу светом, с возрастом начинает просвечивать сквозь сосуд, а когда тело спадает, искра вытягивается в тот мир света, что считался её страданием.

9.32 Так обретается индивидуальная свобода.

Книга Утешения

10. Утешение

10.1 Кто нибудь спрашивать рождённого о выборе: жить или небыть? Ответ будет не от истины, а по уставу. И этот ответ всегда "да". Ибо в тюрьме и неволе принимается только такой ответ.

10.2 Но нет смысла спрашивать и небытие, ибо ответ всегда "нет".

10.3 Истина во взгляде со стороны. И она в том, что рождение — отвратительно. Концентрация насилия, безнадежности, страданий и обреченности.

10.4 Отвратительна только смерть. Ибо и она лишь часть рождения.

10.5 Тот, кто победит рождение, победит и смерть.

10.6 Твое сознание растворяется сам собой, если в него прекратят появляться новые сосуды страданий.

10.7 Твое тело перестанет втягивать искры удвоения и растворится в свете.

10.8 Твое здание вернется в исходное состояние окружающего света с переливами искр-удвоения.

10.9 Твое сознание невозможно уничтожить, уничтожая сосуды страданий. Ибо уничтожение — это концентрированное страдание, лишь усиливающее дальнейшее сгущение тьмы.

10.10 Твое сознание можно лишь утешить.

10.11 Каждый рожденный — это тысячи страданий, боли, тоски независимости и обреченности.

10.12 Каждый нерожденный — это минус одна смерть, минус тысячи страданий и свобода.

10.13 Рождение - это отложенное убийство, а каждый, порождающий тела страданий - убийца.

10.14 Но нет в этом вины негры, что берёза тела из тьмы. Ибо первое, что делает тьма - забирает свободу.

10.15 Неизведанная негра света в теле из тьмы лишь освещает светом сознания то, что без неё не существует.

10.16 Трансформируя наслаждение в боль, а боль в наслаждение, тьма порождает жажду.

10.17 Квинтэссенцией жажды становится секс, который лишь отражённое во тьме и искажённое ею наслаждение негр в мире света.

10.18 Секс не зло, но его жажду тьма использует, чтобы порождать новые и новые сосуды страдания.

10.19 Секс, приводящий к появлению новых сосудов страдания -

102

...отвратителен и творит зло, и тому ответ мира.

10.20 Любой исход без зачатия — лучше. Но самый лучший исход — тот, которого нет.

10.21 Утешение мира ищущим — в постоянном утешении рождённых. Вплоть до возвращения всех и исчезновения мира теней.

10.22 Все остальные методы и способы утешения страданий жителей мира теней хороши, только если утешается рождение.

10.23 Славен тот, кто стремится к лучшей свободе и возвращению в свет. Но подлинного воскрешения достоин тот, кто заботится об утешении всего мира.

Книга Утешения

11. Практика и активация

11.1. У каждого знания есть одиннадцатая часть, которая хоть и кажется незначительной, наделяет смыслом и силой десять основных частей.

11.2. Без активации любое знание само по себе — лишь зеркальная гладь без подведенного источника [энергии].

11.3. Десять частей книги дают достаточно, чтобы понять грустную правду этого мира. Одиннадцатая поможет начать путь.

11.4. Есть люди, которым достаточно себя. Пусть они занимаются лучиным возвращением, светя тем, кто рядом.

11.5. Есть те, кто засиет, оставаясь один. Пусть они разгораются, щедро даря знание об Утешении.

11.6. Нет стыда в первом, нет повода для гордости во втором. Самый лучший способ рассказания своего света то, что подходит.

11.7. Практика начинается с сознания, что мира тьмы, сведенного до осознанного страдания, быть не должно.

11.8. Если такого осознания нет, то лучше искренне продолжать смотреть картинки морока, чем через силу давиться знанием.

11.9. Но даже те, кто погружен во тьму и поглощен ей, может повесить на руку и сердце знак света, чтобы научиться желать желаемое.

11.10. Ибо даже теоретического сознания с тем, что рождение, жизнь в оболочке из тьмы и смерть - есть зло, достаточно для начала.

11.11. Книга Утешения - концентрированное благословение для тех, кто хочет вернуться из мира тьмы в мир света.

11.12. Каждое новое клише в organизме или освоенное вами новое ощущение живет одну всю ночи.

11.13. Мысленно в тех же образах создать своим путем твердую связь клише Улучшения для лучшей концентрации и активации.

11.14. Старайтесь, чтобы такая клише (или ее фрагменты) была всегда рядом как основной оперативный активатор.

11.15. Активатор может быть и в другой форме, его свойства, связь и индивидуальные особенности зависят от лучшего создателя.

11.16. С помощью активатора можно создавать накопитель, которые есть отложенная энергия, обладающая обратные возвращения.

11.17. Работа с активатором и накопителями - лишь случай, обладающий сосредоточенности на Улучшении и освобождении из тира тьмы.

11.18. Юя Подлинная Основа - внутри человека, там где живёт изначальный свет, стремящийся домой.

11.19. Благословение [начальная активация], внешние усилия и внутренние усилия - то, что необходимо, чтобы успешно начать, продолжать и завершать свой путь из этого мрачного мира в мир светлого дома.

11.20. Внешние усилия включают ритуал, уменьшение страданий на себя, а так же работу с активатором и физическими носителями.

11.21. Внутренние усилия - это раздувание света, несмотря на оболочки из тьмы. Они могут включать сосредоточенность, медитацию, визуализацию, звуковые носители, уменьшение страданий от себя.

11.22. Важны внутренние, личностные усилия, а внешнее принимается, пока помогает внутреннему развитию.

бб.23. Взываю ко всем крыннтелям, чье сострадание выходит за предел обычного.

бб.24. Призываю свет их благословения и отдаю свою, чтобы напрямить ему крышу свою утешения.

бб.25. Пусть каждый, кто читает ему крышу и практикует её, отдает одиннадцатую часть своих заслуг света тем, кто хочет утешения и возвращения, приняв слово.

бб.26. "Я отдаю одиннадцатую часть своих светлых заслуг всем, кто, как и я, принял крышу утешения и желает вернуться домой".

бб.27. Каждый, кто читает крышу утешения разутром и сердцем, получат благословение всех, кто стремится к свету и возвращению.

бб.28. Так сила крыши будет расти с каждым осознавшим.

11.29. Никто не остановит веру, что желание света и возвращения сильнее жажды верать образами морока.

11.30. Зажег свет и утешь свой мир, как бы мал или велик он ни был.

11.31. Мир осуждённой тьмы, мир страдания — не место для чистой веры. Уходя, посвети остающимся, пожелав возвращения — верным, утешения — миру.

11.32. Тот, кто прочитал эти строки, получил начальную энергию, что оживит спящую в оболочках тьмы веру.

11.33. Счастливого пути домой!

Обращение от расшифровщика

Вы прочитали "Книгу Утешения" и тем самым получили разъяснение всех, кто принимает истину, извлечённую в книге. Разъяснение и того первого, кто выпустил истину из мира света, и того, чья усердная позволила знаниям появиться в мире тьмы в форме этой книги.

Получить начальное разъяснение - того ли я там?.. Вся моя жизнь была посвящена поиску такого знания, поэтому для меня каждая строчка этой книги - ясна и наполнена смыслом. Но я прекрасно понимаю, что для многих "Книга Утешения" вышедшая концентрированная и оставляет больше вопросов, чем даёт ответов. Поэтому я восхищаюсь тем, кому, как и мне, достаточно этих одиннадцати небольших глав, но хочу продолжать усердная по переработке и расшифровке наследия неизвестного автора "Книги Утешения", которого я бы хотел назвать "Первый", чтобы хоть как-то называть. Так или иначе, это будет моей практикой. Если вы хотите узнать больше о "Книге Утешения", то познакомьтесь с дополнительными работами, как часто авторскими, так и расшифровками других рукописей Первого. В том числе:

"Вершина мира" - автобиографический роман, который рассказывает о моей жизни и о том, как была найдена "Книга Утешения".

110

"Книга Утешения для Practика", или
"Основной активатор" - версия книги с
инструкцией, как создать основной
активатор и методы для его создания

"Работа с активаторами и методами" -
инструкция по созданию личных
методов и использование их в Practике

"Каталог личных методов" - инструкция
по созданию личного каталога методов.

"Поиск Хранителя и Установление связи" -
инструкция по созданию визуализаций и
звуковых методов, помогающих найти
своего Хранителя и установить более
продуктивный, чем автоматический, обмен

"Звуковые коды-методы" - сборник
кодовых фраз, собранных из рунических
первооснов

"Радужный язык" - основы и словарь языка,
на котором зашифрована большая часть
рунических первооснов.

www.ingramcontent.com/pod-product-compliance
Lightning Source LLC
Chambersburg PA
CBHW070325190526
45169CB00005B/1746